CATALOGUE RAISONNÉ DES MINÉRAUX,

CRISTALLISATIONS, CAILLOUX, AGATES, JASPES, PÉTRIFICATIONS, COQUILLES, &c.

Qui composent le Cabinet de Feu M. DE L'ISLE, & dont la vente se fera le vendredi 15 Décembre 1780, & jours suivans, en l'une des Salles de l'Hôtel de Bullion, rue Plâtriere.

A PARIS,

De l'Imprimerie de GUEFFIER, rue de la Harpe.

Se distribue chez M. ALEXANDRE, Huissier-Commissaire-Priseur, rue & vis-à-vis S. Paul.

Et chez GAILLARD & SŒUR, Marchands d'Histoire Naturelle, rue de Richelieu, au coin de celle des Boucheries.

M. DCC. LXXX.

AVERTISSEMENT.

LA Collection sommairement décrite dans ce Catalogue mérite d'autant plus l'attention des Curieux, que c'est le choix d'un Cabinet beaucoup plus considérable, formé par un Amateur éclairé, connu par plusieurs belles découvertes en Chimie, & singuliérement par ses travaux sur la Platine, le *Minium*, la Molybdène, &c. S'il est ici peu de ces grouppes éclatans qui font l'ornement de nos plus riches collections, on y trouve en récompense nombre de morceaux d'étude, dont plusieurs recommandables par leur rareté, tels que la mine d'argent cornée du Pérou, l'étain blanc, les cristaux de plomb rouge, le mercure doux natif, le schorl blanc prismatique d'Altemberg, les zéolites & calcédoines de Ferroé, une suite de pierres & minéraux de la Suede, où se distingue la rare mine de bismuth sulfureuse, &c. &c.

En général, tous les minéraux qui ſont partie de cette Collection, ſont d'un beau choix, bien caractériſés & accompagnés d'étiquettes, qui indiquent ce qu'ils contiennent & le lieu d'où ils ſont tirés.

On pourra voir le Cabinet à l'Hôtel de Bullion, les deux jours qui précéderont la vente, depuis neuf heures du matin, juſqu'à une heure après midi; & pendant la vente, on verra tous les matins les objets qui ſeront vendus le ſoir.

TABLE.

MINÉRAUX.

CRISTALLISATIONS.

Fin de la Table.

FEUILLE DE DISTRIBUTION

Des objets qui seront vendus les jours marqués ci-aprés.

PREMIERE VACATION.

Le Vendredi 15 Décembre 1780.

Nos. 8, 16, 24, 31, 40. 48, 55, 64, 72, 79, 88, 100, 111, 118, *partie du* No 120, 128, 135, 144, 151, 160, 167, 175, 184, 191, 200, 207, 216, 223, 232, 239, 248, 255, 264, 271, 280, 288, 295, 304, 311, 320, 327, 336, 343, 352, 359, 368, 375 384, 391, 400, 407, 416, 423 432, 439, 448, 456, 462, 471, 479, 480.

SECONDE VACATION.

Le Samedi 16.

Nos. 7, 15, 23, 32, 39, 47, 56, 63, 71, 80, 87, 95, 103, 110, 119, *partie du* No. 120, 127, 136, 143, 152, 159, 168, 176, 183, 192 199. 208, 215, 224, 231, 240, 247, 256, 263, 272, 279, 287, 296, 303, 312, 319, 328, 335, 344, 351, 360, 367, 376, 383, 392, 399, 408, 415, 424, 431, 440, 447, 455, 463, 470, 481, 482.

TROISIEME VACATION.

Le Lundi 18.

Nos. 6, 14, 22, 29, 38, 46, 53, 62, 70, 77, 86, 93, 102, 109, 116, *partie du* No. 120, 126 133, 142, 149, 158, 165, 174, 182, 190, 198, 205, 214, 221, 230, 237, 246, 253, 262, 269, 278, 286, 293, 302, 309, 318, 325, 334, 341, 350, 357, 366, 373, 382, 389, 398, 405, 414, 421, 430, 437, 446, 454, 460*, 469, 476, 477.

QUATRIEME VACATION.

Le Mardi 19.

Nos. 5, 13, 21, 30, 37, 45, 54, 61, 69, 78, 85, 94, 101, 108, 117, *partie du* No. 120, 125, 134, 141, 150, 157, 166, 173, 181, 189, 197, 206, 213, 222, 229, 238, 245, 254, 261, 270, 277, 285, 294 301, 310, 317, 326, 333, 342, 349, 358, 365, 374, 381, 390, 397, 406, 413, 422, 429, 438, 445, 453, 461, 468, 478.

CINQUIEME VACATION.

Le Mercredi 20.

N°s. 4, 9, 20, 27, 36, 44, 51, 60, 68, 75, 83, 91, 99, 107, 114, *partie du* N°. 120, 124, 131, 140, 147, 156, 163, 172, 179, 188, 195, 204, 212, 219, 228, 235, 244, 251, 260, 267, 276, 284, 291, 300, 307, 316, 323, 332, 339, 348, 355, 364, 371, 380, 387, 396, 403, 412, 419, 428, 435, 444, 452, 459, 467, 474, 483.

SIXIEME VACATION.

Le Jeudi 21.

N°s. 3, 10, 19, 28, 35, 43, 52, 59, 67, 76, 84, 92, 98, 106, 115, *partie du* N° 120, 123, 132, 139, 148, 155, 164, 171, 180, 187, 196, 203, 211, 220, 227, 236, 243, 252, 259, 268, 275, 283, 292, 299, 308, 315, 324, 331, 340, 347, 356, 363, 372, 379, 388, 395, 404, 411, 420, 427, 436, 443, 451, 460, 466, 475.

SEPTIEME VACATION.

Le Vendredi 22.

N°s. 1, 12, 18, 25, 34, 42, 49, 58, 66, 73, 81, 89, 97 105, 112, *partie du* N°. 120, 122, 129, 138, 145, 154, 162, 169 178, 185, 194, 201, 210, 217, 226, 233, 242, 249, 258, 265, 274, 282, 289, 298, 305, 314, 321, 330, 337, 346, 353, 362, 369, 378, 385, 394, 401, 410, 417, 426, 433, 442, 450, 457, 465, 472.

HUITIEME ET DERNIERE VACATION.

Le Samedi 23.

N°s. 2, 11, 17, 26, 33, 41, 50, 57, 65, 74, 82, 90, 96, 104, 113, *partie du* N°. 120, 121, 130, 137, 146, 153, 161, 170, 177, 186, 193, 202, 209, 218, 225, 234, 241, 250, 257, 266, 273, 281, 290, 297, 306, 313, 322, 329, 338, 345, 354, 361, 370, 377, 386, 393, 402, 409, 418, 425, 434, 441, 449, 458, 464, 473.

CATALOGUE

CATALOGUE RAISONNÉ

DE MINÉRAUX, CRISTALLISATIONS, CAILLOUX, AGATES, JASPES, PÉTRIFICATIONS, COQUILLES, &c.

MINÉRAUX.

OR.

No. 1. UN joli morceau d'or natif en feuilles & cristallisé, dans du quartz : de Transilvanie.

2. Un petit morceau d'or natif dans la mine de fer hépatique, sur du quartz, des mines de *Santafé*, au Pérou ; & une mine d'or pyriteuse de *Faczebaia*, galerie *Ste. Marie de Loretto*, en Transilvanie. Elle donne vingt demi-onces d'or fin par quintal.

3. Deux morceaux, l'un de mine d'argent rouge tenant or avec mine jaune de cuivre de *Schemnitz* en Hongrie ; l'autre de mine

d'or de *Nagyag* en Transilvanie, qui tient par quintal, depuis quatre-vingt jusqu'à cent demi-onces d'or de 17 ou 18 carats.

4. Mine de cuivre riche en or & en argent de *Schemnitz*, & un joli morceau de mine d'or de *Nagyag* en Transilvanie.

5. Autre morceau de mine d'or de *Nagyag* & une mine d'argent brune, remplie de paillettes d'or dans une roche grise : de *Schemnitz*.

6. Six échantillons de mines d'or, savoir : mine d'argent blanche avec pyrite aurifere, nommée *gelf*: de Schemnitz; or natif en lames dans le fer hépatique mêlé de quartz : de Sibérie ; pyrite aurifere de Schemnitz ; mine d'antimoine qui donne beaucoup d'or par le lavage : de *Magursſca* en Transilvanie: mine de cinabre chargée d'or : de Schemnitz, & argille blanche tenant or : de Sibérie.

7. Six morceaux de mines d'or, savoir : deux d'un quartz cendré & schisteux qui donne beaucoup d'or par le lavage, de *Zillerthal* sur les frontieres du Tirol. *Zinopel* avec pyrite tenant or, galene & blende de *Schemnitz* : pyrite aurifere en petits cubes dans une roche bleuâtre : marcassite tenant or dans une argille d'un gris blanc : de *Chremnitz*, & mine d'or de *Boitza* en Transilvanie.

8. Neuf échantillons variés de mines d'or ou gangues tenant or.

9 Dix onces de platine en grains, dans un flacon.

10. Quatre onces de platine; plus un culot de platine fondue, cinq petits flacons contenant les essais & produits de cette substance, & quatre petits paquets d'or en limaille, en grenaille, de platine en lames, &c.

ARGENT.

11. Un rare & très-riche morceau de mine d'argent cornée, entremêlée d'argent natif en masse : de *Guamanga* à 60 lieues de Lima au Pérou. Ce morceau presque sans gangue pese 4 marcs, 3 onces 6 gros.

12. Autre petit, mais riche morceau de mine d'argent cornée, dans un spath calcaire coloré par une éfflorescence cuivreuse verte : aussi du Pérou; il pese un peu plus de 6 onces.

13. Argent vierge ramifié dans le spath séléniteux, de la principauté de Furstemberg.

14. Autre morceau d'argent vierge, dans le spath calcaire, du Mexique.

15. Deux jolis morceaux l'un d'argent vierge ramifié, presque sans gangue : de *Kongsberg* en Norwege; l'autre d'argent vierge en masse, mêlé de mine d'argent blanche & de galène dans le spath séléniteux : de *Furstemberg*.

16. Argent vierge mêlé de mine d'argent vitreuse, dans le spath séléniteux : de Schnéeberg;

argent natif avec mine de cobalt en efflorefcence : d'Allemont en Dauphiné, & mine d'argent noire en décompofition: de Freyberg.

17. Un riche morceau de mine d'argent rouge folide, mêlée d'argent vierge & de mine d'argent grife antimoniale: de *Guadanalcanal* en Efpagne.

18. Un rare & curieux morceau de mine d'argent en plumes, pelotonnées en maffe de plus d'un pouce d'épaiffeur & prefque fans gangue : de Braunfdorff en Saxe.

19. Autre morceau de mine d'argent en plumes, intéreffant en ce qu'il recouvre, tant en deffus qu'en deffous, un filon de mine d'argent grife antimoniée: auffi de Braunfdorff, & une mine d'argent noire mêlée de galène, dans un quartz cellulaire & criftallifé, du *Donath* à Freyberg.

20. Deux morceaux dont un de mine d'argent grife folide & criftallifée, dans le quartz de Ste. Marie aux mines, & un riche morceau de galène, mêlée de mine d'argent rouge & de blende : du Pérou.

21. Un morceau peu commun de la *mine d'argent alkaline* de Jufti. C'eft une mine d'argent vitreufe, difpofée par veines dans une gangue calcaire : d'Annaberg en Autriche ; plus deux mines d'argent grifes, dont une folide de Ste. Marie, & une autre en décom-

position, avec des efflorescences cuivreuses vertes : du Pérou.

22. Un curieux morceau de mine d'argent rouge, avec mine d'argent noire en dendrites, dans le quartz : de Ste. Marie aux mines, & une mine d'argent grise, mêlée d'argent vierge capillaire, dans le spath calcaire : de Saxe.

23. Trois morceaux, dont une mine d'argent rouge, mêlée de mine d'argent grise & d'arsenic natif, dans le quartz : de Ste. Marie : mine d'argent grise cristallisée dans le spath calcaire, & une mine d'argent noire, de *Biber* en Hesse.

24. Mine d'argent blanche arsenicale, avec mine d'argent rouge superficielle, dans le spath calcaire de *Guadanalcanal* : mine d'argent rouge en très-petits cristaux dans un quartz cellulaire, & une galène riche en argent, mêlée de blende : de Saxe.

25. Quatre échantillons de mines d'argent, savoir : argent vierge capillaire ; autre en filets contournés, mêlés de mine d'argent vitreuse : de Ste. Marie ; mine d'argent vitreuse solide, d'Annaberg ; & argent vierge superficiel sur une argille endurcie qui a l'apparence de la mine d'argent cornée.

26. Un morceau, en deux parties, de mine d'argent rouge foncée, mêlée de mine d'argent antimoniée, dans le spath calcaire : de

Guadanalcanal ; mine d'argent grise & noire, dans le quartz chargé de spath perlé : de Ste. Marie, & une mine d'argent grise cristallisée, dans le quartz, aussi cristallisé : de Saxe.

27. Quatre jolis morceaux d'argent vierge, dont trois de Freyberg, l'un en rameaux, l'autre en pointes dans le spath, & le troisieme avec blende & pyrite ; le quatrieme est en grains dans le spath séléniteux de la Principauté de Furstemberg.

28. Quatre autres : savoir, mine d'argent grise en grands cristaux tétraèdres, de Langenheck ; autre en cristaux plus petits de la même miniere ; mine d'argent vitreuse solide : de Johann-Georgenstadt ; & argent natif en lames dans du quartz.

29. Cinq échantillons variés : savoir, un d'argent contourné en rameaux : de Kongsberg en Norwege ; un d'argent vierge, dans une mine de mercure du Palatinat ; deux de mine d'argent rouge & un de mine d'argent vitreuse.

30. Mine d'argent grise solide, mêlée d'un peu de quartz & de pyrite cuivreuse, du Pérou : & deux mines d'argent noires, dont une antimoniée de Braunsdorff, & une mêlée de mine d'argent rouge dans le spath séléniteux, du Duché de Furstemberg.

31. Huit échantillons variés : savoir, mine d'argent vitreuse solide & cristallisée, d'Annaberg ;

mine d'argent, dite *merde d'Oie*, de Saxe : mine d'argent antimoniale, de *Casalla* en Espagne; mine d'argent molle, mêlée de bismuth; & quatre autres morceaux.

32. Mine d'argent en épis de Franckemberg en Hesse; & sept autres échantillons variés de mine d'argent rouge, blanche, noire, &c. dont un avec argent vierge capillaire, la plupart de Saxe.

33. Deux morceaux d'argent vierge superficiel; l'un sur du schiste couleur de chair : de Johann-Georgenstadt; l'autre sur du grès : de *Gabegottès* à Freyberg; & trois autres mines d'argent, dont une mêlée de cobalt.

34. Un joli morceau de mine d'argent grise cristallisée, dans le quartz : de Langenheck; & huit autres morceaux de mines d'argent, blanche, grise, rouge, &c.

35. Huit morceaux variés de différentes mines d'argent.

36. Un bocal contenant des morceaux de mine d'argent noire pyriteuse; mine d'argent rouge cristallisée, aussi dans une gangue pyriteuse; terre argilleuse & bitumineuse tenant argent, de Biber en Hesse; mine d'argent grise cristallisée d'Erzengel, dans le Duché de Deux-Ponts; & quelques culots d'argent provenants de l'essai des mines de ce métal.

Cuivre.

37. Un très-joli morceau de cuivre natif criſtalliſé ſous la forme d'un arbriſſeau, & deux morceaux de cuivre précipité des eaux cémentatoires de *Neiſſ* en Hongrie.

38. Un beau morceau de malachite ſolide & à gros mamelons nuancés : de Sibérie.

39. Autre très-beau morceau de malachite ſatinée & mamelonnée, de Kolivau, ſur les Frontieres de la Chine.

40. Mine de cuivre ſatinée ſuperficielle, ſur mine de fer hépatique, due à la décompoſition d'une mine jaune de cuivre, de la mine du *Charbonnier*, au Tillot.

41. Un beau morceau d'azur de cuivre granuleux, mêlé de verd de montagne, dans une gangue quartzeuſe entremêlée de galène & de mine d'argent griſe, de *Langenheck*.

42. Un rare morceau de fleurs rouges de cuivre, dans du quartz, avec bleu de montagne & terre ferrugineuſe : de *Lorenz-gegentrum*, à Freyberg. Plus, un autre morceau de mine de cuivre ſolide, mêlée de fer, de la même miniere.

43. Un beau morceau d'azur de cuivre granuleux & criſtalliſé, avec ſon paſſage à la couleur verte, en filets ſoyeux & lamel-

leux, sur une gangue sablonneuse ochracée, de *Vescovato* en Corse.

44. Deux morceaux, l'un d'azur de cuivre cristallisé sur du quartz : de *Bulach*, dans le duché de Wirtemberg ; l'autre de bleu & de verd de montagne, mêlé d'ochre, dans une terre calcaire.

45. Azur & verd de cuivre de Bulach, & trois autres échantillons de cuivre natif mêlé de mine rouge de cuivre, de bleu & verd de montagne : de Saxe.

46. Quatre autres échantillons de mine de cuivre, dont une petite plaque polie de malachite rubannée, de Sibérie.

47. Mine de cuivre vitreuse rouge, formant un filon mêlé de mine de cuivre satinée, de verd de montagne terreux & d'ochre martiale : de Thuringe, & une mine de cuivre colorée.

48. Deux mines de cuivre jaunes & colorées passant à l'état hépatique, dont une mêlée de verd de cuivre mamelonné & velouté, dans une roche de Feldspath.

49. Un beau morceau de mine de cuivre vitreuse pourpre & azurée, mêlée de cuivre jaune, dans du quartz : de *S. Blaise* au Tillot, & deux autres morceaux de verd de cuivre, dont un en petits mamelons veloutés, dans une gangue sablonneuse : de *Vescovato* en Corse.

50. Cuivre natif dans une gangue ferrugineuſe : de Thuringe, & deux morceaux d'azur & de verd de cuivre, dont un de Giromagny & l'autre de Corſe.

51. Un riche morceau de mine de cuivre griſe, mêlé de mine de cuivre vitreuſe couleur de poix, d'azur de cuivre criſtalliſé & de verd de montagne : de Thuringe, & deux autres morceaux.

52. Mine de cuivre azurée, mêlée de mine de cuivre jaune : de *Dognaska* dans le Bannat de Temeſwar ; mine de cuivre charbonneuſe ou combuſtible : de Bottendorf ; Poiſſon minéraliſé en cuivre dans le ſchiſte : d'Eiſleben, comté de Mansfeld, & deux autres morceaux.

53. Bleu de montagne mamelonné, dans du grès : de Heſſe-Caſſel ; mine de cuivre jaune & vitreuſe couleur de poix : de S. Blaiſe, au Tillot, & deux autres mines de cuivre, plus ou moins altérées.

54. Mine de cuivre hépatique de Sibérie ; ſubſtances ligneuſes pénétrées par le cuivre : de *Franckemberg* en Heſſe ; verd & bleu de montagne ſablonneux, & deux autres morceaux.

55. Mine de cuivre hépatique, mêlée de bleu & de verd de montagne : d'Opeveiler ; verd de cuivre ſtrié & mamelonné : d'Alſe-

kelin; mine de cuivre vitreuſe azurée, de Sibérie; & trois autres morceaux.

56. Cinq mines de cuivre, dont une mine de cuivre vitreuſe azurée: d'Angleterre; & petits criſtaux d'azur de cuivre, mêlés de verd de montagne de *Vinſolaſca* près Veſcovato en Corſe.

57. Six mines de cuivre, dont trois mêlées de galène: de Saxe.

58. Six autres variées.

59. Un joli groupe de marcaſſites cuivreuſes en partie criſtalliſées & en partie mamelonnées: du Hartz, & ſept mines de cuivre.

60. Neuf échantillons de différentes mines de cuivre.

61. Huit autres.

PLOMB.

62. Un beau morceau de galène teſſulaire, en cubes dont les angles ſont tronqués: ſous les criſtaux de galène, regne un lit de mine de fer ſpathique: du Hartz.

63. Autre très-beau morceau de galene teſſulaire, chargée d'un groupe de criſtaux de ſpath calcaire pyramidal, de Sainte Marie aux mines.

64. Très-grands criſtaux de galène octaèdre, dont les ſix angles ſont tronqués, incruſtés par une vapeur métallique: de Poullaoen en

baſſe Bretagne ; & un cube de galène, de la même miniere, intéreſſant par l'altération qu'il a éprouvée en divers points de ſa ſurface.

65. Deux beaux grouppes de galène teſſulaire, l'un mêlé de blende, auſſi criſtalliſée : de Ste. Marie aux Mines. Les cubes de l'autre ſont cellulaires, dans un grouppe de criſtaux de roche : de Freyberg.

66. Maſſe de galène dont la ſurface décompoſée paſſe à l'état de mine de plomb terreuſe griſe : de *Chaſſelai*, près de Lyon ; & un ſpath ſéléniteux en maſſe, où l'on diſtingue pluſieurs veines de galène, en partie décompoſée, & a l'état de mine de plomb rougeâtre : d'Angleterre ; morceau intéreſſant.

67. Deux morceaux de galène, dont un riche en argent, mêlé de pétrole & chargé d'un grouppe de marcaſſites en *Crêtes de Coq* : du Derbyshire.

68. Galène à très-grands cubes, des anciens travaux de Poullaoen ; galène octaèdre, entremêlée de blende noire criſtalliſée: de Pompéan ; & galène à grandes facettes, chargée d'un grouppe de ſpath calcaire : du Hartz.

69. Galène teſſulaire ſur mine de fer ſpathique : de *la Croix* ; & deux autres morceaux de galène, l'un à grands cubes cellulaires, paſ-

ſant à l'état de mine de plomb blanche & rougeâtre: de Chaſſelai: l'autre avec pyrites: de Chatelaudren.

70. Galène ſtriée, riche en argent, avec blende & roche griſe, de Chatelaudren: galène avec mine de plomb rougeâtre, mine de cuivre griſe tenant argent, & des cavités tapiſſées d'azur de cuivre granuleux: de *Langenheck*, & galène avec charbon de terre dans une gangue ſableuſe: des environs de Saarlouis. Ces trois morceaux ſont intéreſſans.

71. Mine de plomb blanche criſtalliſée, plus ou moins colorée par une vapeur de foie de ſoufre, & diſpoſée par veines dans une gangue de ſpath ſéléniteux friable: de Geroldſeck en Suabe.

72. Mine de plomb blanche en priſmes hexagones tronqués, dont la ſurface eſt incruſtée d'une vapeur ochreuſe brune, *d'Huelgoët* en baſſe-Bretagne.

73. Mine de Plomb blanche ſolide & lamelleuſe reſſemblant à du ſpath, entremêlée de galène: de Tſchoppau en Saxe. Rare.

74. Un joli morceau de mine de plomb blanche en aiguilles divergentes, incruſtées de verd de cuivre: de *Gluckſrade* au Hartz.

75. Autre, en très-fines aiguilles, ſur mine de fer hépatique incruſtée d'hématite noire, de Sainte Marie aux mines.

76. Mine de plomb blanche en petits criſtaux très-éclatans, dans une gangue quartzeuſe, & ferrugineuſe : de *la Croix*.

77. Mine de plomb blanche en criſtaux tranſparens, de la variété dite mine de plomb cornée, ſur hématite entremêlée de galène : de *la Croix*.

78. Autre morceau plus petit, entremêlé de pyrites, de la même miniere.

79. Deux jolis grouppes, l'un d'aiguilles de plomb blanc, entaſſées confuſément : de Tſchoppau; l'autre de mine de plomb verte en priſmes courts hexagones & fiſtuleux : des anciennes fouilles du Hartz.

80. Deux jolis faiſceaux, l'un d'aiguilles de mine de plomb blanche : du Hartz, l'autre de mine de plomb rougeâtre en cylindres, incruſtés par une vapeur pyriteuſe : d'Huelgoët en baſſe-Bretagne.

81. Deux autres; l'un d'aiguilles de plomb blanc : de Clauſthal au Hartz : l'autre de mine de plomb blanche tranſparente & criſtalliſée : de S. Jean Népomucène à Pzibram en Bohême.

82. Un rare & très-beau morceau de mine de plomb rouge criſtalliſée, dans une gangue quartzeuſe : des environs de *Nerchinska* en Sibérie.

83. Un grand & très-beau morceau de mine

de plomb verte & jaunâtre, cristallisée & mamelonnée; elle incruste de toutes parts une galène tessulaire à grands cubes cellulaires; ce morceau est de plus remarquable par une large cavité, où la mine de plomb verte s'est déposée à la maniere des Stalagmites: de Hoffsgrund près Fribourg en Brisgaw. Huit pouces de longueur sur six de largeur.

84. Mine de plomb verte mamelonnée & en dendrites, sur un quartz cellulaire, de la même miniere.

85. Un très-joli grouppe de cristaux de mine de plomb verte en prismes hexagones tronqués, à la surface & dans l'intérieur d'une hématite noire: *de la Croix.*

86. Deux morceaux de mine de plomb blanche, dont une en aiguilles, teintes par une vapeur métallique: de Clausthal au Hartz; l'autre en cristaux lamelleux sur une galène en décomposition dans une gangue sablonneuse.

87. Quatre échantillons, savoir: mine de plomb en petits cristaux jaunâtres, d'Annaberg en Autriche, rare: mine de plomb blanche cristallisée sur de la galène: de Pzibram en Bohême: *minium* natif dans de l'argille mêlée de galène, *de Langenheck*, & mine de plomb verte, de Fribourg.

88. Un rare & curieux morceau de mine de plomb verte & jaunâtre, criſtalliſée, de *Tſchoppau.*

89. Grouppe de criſtaux priſmatiques demine de plomb rougeâtre, dont pluſieurs ont paſſé, ſans ſe déformer, à l'état de galène régénérée: d'Huelgoët en baſſe-Bretagne, morceau intéreſſant.

90. Mine de plomb noire priſmatique, ſur une pyrite en ſtalactites, entremêlée de galène: de la même miniere.

91. Autre très-beau grouppe de mine de plomb noire fiſtuleuſe, & parvenue à l'état de galène ; de la même miniere.

92. Trois morceaux, dont une mine de plomb verte, du Hartz ; mine de plomb noire, de Tſchoppau ; & mine de plomb terreuſe griſe, de Chaſſelai.

93. Deux morceaux, l'un de mine de plomb verte criſtalliſée, dans l'hématite noire : de la Croix ; l'autre de mine de plomb noire fiſtuleuſe & en ſtalactites, d'Huelgoët.

94. Deux mines de plomb blanches, l'une de Bleyfeld ; l'autre avec galene hépatique, du Hartz : plus une mine de plomb verte & jaunâtre, de Johann-Georgenſtadt.

95. Mine de plomb verte ſur le ſpath ſéléniteux : de Tſchoppau ; plus une mine de plomb blanche, en maſſe informe, de

Johann-Georgenſtadt

Johann-Georgenſtadt, très-rare; & un morceau de *minium* natif: du pays de Juliers.

96. Cinq morceaux, dont un plomb vert, de Fribourg.

97. Six différens morceaux de galène, dont un en décompoſition avec des cavités tapiſſées de petits criſtaux de plomb blanc & de mine de plomb verte.

98. Huit morceaux de galène teſſulaire & autres, tels que galène ſtriée, galène colorée gorge de pigeon, &c.

99. Huit autres, non moins variés.

100. Divers échantillons de mine de plomb verte & terreuſe; plus 26 morceaux de galènes de France, la plupart étiquetés par feu M. Hellot.

ÉTAIN.

101. Portion d'un criſtal d'étain blanc octaèdre : de *Schlackenwalde* en Bohême ; rare.

102. Un gros criſtal d'étain noir, de la même miniere.

103. Gros criſtaux d'étain noirs, mêlés d'un peu de quartz, de *Mariemberg* en Saxe.

104. Criſtaux d'étain bruns, dont quelques parties ſont d'un jaune d'or, de *Zinnwalde* en Bohême.

105. Maſſe de petits criſtaux d'étain noirs de

Saxe ; & un criſtal d'étain noir, de Schlackenwalde.

106. Un petit grouppe de criſtaux d'étain, d'*Altenberg* ; & mine d'étain ſolide & criſtalliſée, avec terre argilleuſe blanche, pyrite & fluors tirant ſur le bleu, de *Hoffnung Gottes* à *Ehrenfriderſdorf*.

107. Petits criſtaux d'étain noirs, dans l'argille blanche endurcie, mêlée de fluors : de la même miniere : portion d'un gros criſtal d'étain noir, de Schlackenwalde & un criſtal d'étain d'un beau noir luiſant, de *Cornouaille*.

108. Un riche grouppe de criſtaux d'étain, dans le quartz : d'*Ehrenfriderſdorf*.

109. Autre riche morceau de mine d'étain ſolide & criſtalliſée, mêlée de pyrite arſenicale & d'une argille griſe micacée, dans le quartz : de *Schlackenwalde*.

110. Mine d'étain noire en petits criſtaux dans une gangue micacée, ſinguliere en ce qu'elle eſt traverſée par une veine de mine de fer hépatique, de Bohême.

111. Mine d'étain criſtalliſée, mêlée de faux criſtaux d'étain blancs ; dans du quartz micacé, de Bohême ; & mine d'étain ſolide, ou en très-petits criſtaux : de St. Etienne à Johann-Georgenſtadt.

112. Deux riches mines d'étain, l'une en tres-petits criſtaux, dans du quartz mêlée d'argille

grise, de Johann-Georgenstadt; l'autre rougeâtre, solide & par veines, dans un quartz mêlé d'argille blanche : de Bohéme.

113. Mine d'étain cristallisée dans du spath grisâtre: de *Marienberg*; mine d'étain mêlée de schorl de *Schwartzemberg*: & *Zwiter*; ou mine d'étain en petits grains, trés-riche, avec marne blanche : d'*Eibenstock*, en Saxe.

114. Trois mines d'étain, dont une avec pyrite blanche arsénicale : de *Catherine* à *Ehrenfridersdorf*; mine d'étain solide de Cornouaille; & une autre de *Marienberg* en Saxe.

FER.

115. Cinq échantillons de mines de fer: savoir, un de fer natif solide & irrégulier, de *Hauzach* près Kinzingerthal, Principauté de Furstemberg; fer natif, malléable, en grains : du pays de Cassel; bleu de Prusse natif; cristaux solitaires de mine de fer octaèdre, tirés des pierres ollairesde l'Isle de Corse; & mine de fer spéculaire en lames : du Mont Dor en Auvergne.

116. Mine de fer en cristaux octaèdres fortement attirables à l'aimant & très réguliers, épars dans une gangue de pierre ollaire de l'Isle de Corse; & un curieux morceau de mine de fer micacée grise formée par dépôt

avec de l'ochre martiale, de *Rio* dans l'Isle d'Elbe.

117. Pierre ollaire schisteuse verte, parsemée de très-petits cristaux de mine de fer octaèdre attirable à l'aimant, de l'Isle de Corse, & une mine de fer cristallisée, entremêlée de petites marcassites dodécaèdres & de quelques cristaux de roche : de l'Isle d'Elbe.

118. Un gros morceau de mine de fer cristallisée, de l'Isle d'Elbe, abondamment parsemée de marcassites dodécaèdres très éclatantes, & de quelques cristaux de quartz.

119 Un gros morceau de mine de fer magnétique ou aimant : de Sibérie : sa force attractive est considérable.

120. Huit morceaux variés de mines de fer cristallisées & colorées de l'Isle d'Elbe, dont on fera autant d'articles.

121. Deux mines de fer cristallisées de l'Isle dElbe, l'une à cristaux chatoyans en jaune & verd doré, avec quartz & terre bolaire blanche ; l'autre à cristaux noirs très-éclatans, avec des aiguilles de quartz incrustées par une vapeur métallique noire.

122. Deux autres, l'une à gros cristaux à 24 facettes ; l'autre à cristaux minces, chatoyans & colorés.

123. Deux autres.

124. Deux morceaux, l'un de mine de fer.

cristallisée & colorée de l'Isle d'Elbe; l'autre d'hématite pourpre, en boutons polygones & irréguliers, d'Eibenstock en Saxe.

125. *Eisenman* ou mine de fer micacée grise, mêlée avec de l'ochre; & une mine de fer en cristaux lenticulaires, de l'Isle d'Elbe.

16. *Idem*, à cela près que la mine de fer micacée grise, mêlée de mine de fer terreuse brune, est des Pyrénées.

127. Deux morceaux de l'Isle d'Elbe, dont une mine de fer cristallisée, qui imite la couleur de la mine d'argent grise, entremêlée de petites aiguilles de cristal de roche; & une hématite colorée, passant à l'état de mine de fer micacée grise ou d'*Eisenman*.

128. Deux morceaux, dont une mine de fer écailleuse & vivement colorée, de l'Isle d'Elbe; & une hématite protubérancée: d'*Eibenstock* en Saxe.

129. Un curieux morceau d'hématite en grape: du pays de Trèves.

130. Un beau morceau d'hématite pourpre grivelée, qui paroît avoir fait partie d'une grosse masse sphéroïdale: d'*Eibenstock* en Saxe; & une hématite noire en cylindre: du pays de Trèves.

131. Deux morceaux, l'un d'hématite noire luisante, demi sphérique: des Bains d'Hueb; l'autre d'hématite cellulaire, parsemée de

mine de fer micacée grise : de *Moyen-mouttier.*

132. Deux hématites mamelonnées, l'une rougeâtre: du *Pere Abraham*, à Scheibenberg en Saxe; l'autre noirâtre, du pays de Trèves; & une mine de fer micacée grise, mêlée d'ochre rouge : de *Rio* dans l'Isle d'Elbe.

133. Fragment d'une grosse aiguille d'hématite pourpre d'*Eibenstock*; hématite mamelonnée de Thuringe, avec malachite ou verd de montagne ; & deux autres morceaux.

134. Un très-beau morceau de mine de fer spathique blanche en cristaux lenticulaires, chargés de petits cristaux tétraèdres de mine d'argent grise, de marcassites cuivreuses & de cristaux de roche : de Baigorry en basse-Navarre.

135. Autre morceau de la même mine de fer spathique, moins chargé de mine d'argent grise.

136. Un curieux morceau de mine de fer spathique écailleuse grise, cellulaire & spongieuse comme la pierre ponce: du Margraviat de Bareith.

137. Deux gros morceaux, l'un de mine de fer spathique brune, rhomboïdale, *d'Allevard* en Dauphiné ; l'autre de mine de fer spatique fauve, en masse lamelleuse : de la Chartreuse de Durbon.

138. Mine de fer ſpathique blanche & rougeâtre, de *Bendorf*, dans l'Electorat de Treves; & mine de fer ſpathique blanche & fauve rhomboïdale, *d'Allevard.*

139. Mine de fer ſpathique blanche, *de Bergame*, & deux autres morceaux.

140. Un rare morceau de mine de fer ſpathique ſpongieuſe & cellulaire: du Fichtelberg; autre, non moins ſingulier, de mine de fer ſpathique brune en très-petits criſtaux groupés en maſſe cellulaire, du Margraviat de Bareith; mine de fer ſpathique blanche, griſe & rouge, avec mine jaune de cuivre en dendrites, paſſant à la couleur hépatique: de Thuringe; & un morceau de la pierre ollaire ſchiſteuſe verte, décrite à l'article 117.

141. Trois morceaux de mines de fer, dont un offre l'empreinte d'une eſpece de fougere américaine dite *fougere arbriſſeau*: de Fiſbach.

142. Mine de fer ochreuſe jaune, brune & rouge, parſemée de mine de fer micacée griſe: de Rio dans l'iſle d'Elbe; hématite noire cellulaire, mêlée d'ochre jaune & rouge & de quelques paillettes de mica ferrugineux: de la même miniere; & deux autres morceaux, dont une mine de fer limonneuſe avec des empreintes cylindriques.

143. Mine de fer bleue de *Fisbach*; hématite

noire, de Bareith; hématite pourpre d'Eibenstock; mine de fer spathique brune & blanche rhomboïdale, du Margraviat de Bareith; & quatre autres morceaux, dont une molybdène en petites lames hexagones, dans du grès: *d'Altenberg*, en Saxe.

144. Neuf mines de fer, dont trois hématites; deux mines de fer spéculaires en lames très-serrées les unes contre les autres: mine de fer bleue: de Sulzbach; & trois autres morceaux.

145. Dix morceaux d'hématite, mine de fer spathique, molybdène, &c.

146. Quatorze échantillons variés de différentes mines de fer.

147. Deux mines de fer limonneuses avec des empreintes de plantes très-singulieres, de Fisbach, & deux autres morceaux.

148. Mine de fer magnétique ou aimant passant à l'état d'ochre martiale, de l'Isle d'Elbe; mine de fer hépatique & tigrée, *des Landes* de Bourdeaux; hématite noire, luisante, mamelonnée, mêlée de mine de fer micacée grise; mine de fer solide & quartzeuse de *Corté* dans l'Isle de Corse; & quatre autres morceaux.

149. Sept mines de fer limoneuses & figurées, dont trois avec des empreintes de roseaux, de fougeres, &c. de *Sulzbach*.

150. Emeril d'un brun rouge ; mine de fer ſpathique blanche & rougeâtre, de Bendorf; & huit autres morceaux, dont pluſieurs mines de fer limoneuſes & figurées de Fiſbach, &c.

151 Un curieux morceau d'hematite noire en cylindres, parſemé de petits rhombes de mine de fer ſpathique, de Bendorf, & dix autres morceaux.

152. Différentes mines de fer terreuſes & limoneuſes, dont pluſieurs avec des empreintes de fougeres & d'autres plantes, en tout dix variétés.

153. Dix autres.

154. Dix bocaux & 24 échantillons de mines de fer terreuſes & limoneuſes, *en pois*, en *féves*, en *amandes*, en géodes pleines ou à noyau mobile, dites *pierres d'aigle*, &c. chaque morceau porte ſon étiquette.

MERCURE.

155. Un beau morceau de mercure vierge ou coulant, dans une hématite enveloppée d'un grès qui lui ſert de gangue: de *Muſchel Landſberg*, dans le Duché de deux Ponts.

156. Un riche morceau de cinabre, en criſtaux triangulaires, très-éclatans, dans une roche de ſpath ſéléniteux: *d'Almaden* en Eſpagne.

157. Mercure coulant, avec cinabre criſtalliſé

mêlé d'ufphalte, dans une gangue de fpath féléniteux, de Moerschfeld, dinaftie d'Alzey dans le Palatinat.

158. Deux morceaux de mercure vierge, l'un avec mine de mercure en cinabre criftallifée, demi-tranfparente ; l'autre avec mercure doux natif, ou mine de mercure cornée, dans une roche grife ferrugineufe, du Duché de Deux-Ponts.

159 Un riche morceau de mercure doux natif ou mine de mercure cornée, avec mercure coulant, dans une hématite décompofée : *de la Caroline*, à Mufchel Landfberg.

160. Cinabre folide d'un rouge brun, en partie mamelonné, dans lequel font interpofés de petits criftaux de fpath féléniteux, *de Mufchel Landsberg.*

161. Un très-beau grouppe de fpath féléniteux en tables pofées de champ, dont les criftaux font incruftés & en partie remplis par la mine de mercure en cinabre: du Palatinat.

162. Fleurs de cinabre d'un rouge vif, fur hématite mêlée de fpath féléniteux: de *Mufchel Landsberg.*

163. Autre morceau de vermillon natif, du plus beau rouge, avec mercure coulant fur hématite mêlée de fpath féléniteux : de la même miniere.

164. Un gros & riche morceau de mine de mercure en cinabre ſolide : du Palatinat.

165. Deux mines de mercure en cinabre, dont une avec mercure coulant, dans le ſpath ſéléniteux : *de Moerschfeld*; l'autre avec du grès : de Hongrie.

166. Deux riches mines de mercure en cinabre, l'une ſolide & de couleur brune : *d'Idria* en Carinthie ; l'autre mêlée d hématite : du Palatinat.

167. Mine de mercure en cinabre, dans une gangue argilleuſe colorée par le fer : du Palatinat, & une autre très-riche & d'un rouge brun, ſans gangue.

168. Deux mines de mercure en cinabre, dont une très-riche, avec mercure coulant, dans une gangue de ſpath ſéléniteux : de Hongrie; l'autre dans une gangue ferrugineuſe, avec azur de cuivre & verd de montagne : *de la Caroline*, à Muſchel Landſberg.

169. Mercure vierge avec cinabre dans une gangue argilleuſe : de Muſchel Landſberg ; cinabre pyriteux du Palatinat ; & cinabre dans le ſchiſte bitumineux d'un noir luiſant, *d'Idria* en Carinthie.

170. Trois mines de mercure en cinabre, dans des gangues argilleuſes, dont une avec mercure coulant, du Duché de Deux-Ponts.

171. Mine de mercure en cinabre ſolide, d'un

rouge brun : de Muſchel Landſberg, autre avec azur de cuivre & verd de montagne ; & cinabre pyriteux de *Wolfstein*, dans le Palatinat.

172. Mine de mercure en cinabre, dans une roche très-dure ſuſceptible du poli : de Stahlberg ; cinabre pyriteux des environs de Séville en Eſpagne ; & cinq autres échantillons de mine de mercure en cinabre.

Antimoine.

173. Un très-beau morceau de mine d'antimoine griſe, en lames ſpéculaires aſſez larges & de pluſieurs pouces de longueur, incruſtées dans leurs interſtices de ſoufre doré natif d'antimoine : de Toſcane.

174. Un beau morceau de mine d'antimoine griſe en aiguilles divergentes, dans une roche quartzeuſe tapiſſée, dans ſes cavités, de très-petits criſtaux de ſpath ſéléniteux rhomboïdal : de l'Iſle de Corſe.

175. Un grouppe très agréable de mine d'antimoine griſe, criſtalliſée en aiguilles saillantes & divergentes ſur un grouppe de ſpath calcaire pyramidal, avec quartz & roche griſe : de S. Pierre à Giromagny.

176. Un beau morceau de mine d'antimoine en plumes violettes dans une roche quartzeuſe & pyriteuſe, de Braunsdorf en Saxe.

177. Autre morceau, plus petit, de mine d'antimoine en plumes rouges, dans un quartz cristallisé parsemé de pyrites: de la même miniere.

178. Deux jolis échantillons de mine d'antimoine grise cristallisée, dont une en faisceaux divergens : de Hongrie; l'autre avec quartz, soufre jaune & soufre doré natif: du Cap Corse; plus, une mine d'antimoine en plumes très deliées, gorge de pigeon, détachées de leur gangue.

179. Trois mines d'antimoine grises, dont une à stries écailleuses, ressemblant à la galène: provenant de la fouille faite à la chapelle St. Marie, nouvellement construite sur le chemin entre Bolicella & Gianagiolo en Corse.

180. Quatre autres, dont une lamelleuse, altérée à la surface: de Hongrie.

181. Six mines d'antimoine grises, de Braunsdorff, du païs de Bareith, &c. & un morceau d'antimoine séparé de sa gangue par la fusion.

ZINC.

182. Deux gros morceaux de blende, l'un mêlé de pyrite blanche arsenicale en petits cubes rhomboïdaux, avec mine d'argent grise, dans une gangue sablonneuse: de *Freyberg*, morceau peu commun; l'autre avec galène,

ſpath calcaire pyramidal & ſpath vitreux cubique ; du Derbyshire.

183. Un joli grouppe de blende brune criſtalliſée, recouverte en partie d'une légere couche pyriteuſe avec criſtaux de quartz & mine de fer ſpathique : de Saxe. Plus, un beau morceau de manganaiſe mamelonnée à ſtries concentriques : de Hartzbourg ; & une pierre calaminaire blanche, jaunâtre & verdâtre, poreuſe & comme vermoulue : du Comté de Sommerſet.

184. Un morceau, peu commun, de blende brune phoſphorique avec un peu de galène ; blende noire lamelleuſe avec galène & pyrites : *de Kuſchacht* à Freyberg ; blende d'un beau jaune avec galène & ſpath : de Sainte Marie, & deux morceaux de calamine caverneuſe & mamelonnée : de Shibrham, Comté de Sommerſet.

185. Six échantillons, dont un de blende jaune phoſphorique ſur une roche griſe : de Scharffenberg ; un de manganaiſe en faiſceaux, de Norwege ; un de manganaiſe effleurie noire de *Raſchau*, & trois de pierre calaminaire, dont une blanche cellulaire & comme vermoulue, de *Nottingham* : rare.

186. Six morceaux ou échantillons, dont deux de Blende, du Hartz & d'Angleterre ; deux de manganaiſe, & deux pierres cala-

minaires, l'une ſpongieuſe & vermoulue, mamelonnée à ſa ſurface, avec quelques veſtiges de blende non décompoſée : d'Angleterre ; l'autre ſolide, du pays de Limbourg.

187. Huit morceaux : ſavoir, deux de blende brune de Saxe & du Hartz ; blende régénérée, des fourneaux de S. Bel ; manganaiſe étoilée du Piémont ; & quatre morceaux de pierre calaminaire, dont trois d'Angleterre & une calcinée, telle qu'elle ſe trouve dans le commerce.

188. Sept morceaux, dont trois de blende ; deux manganaiſes & deux pierres calaminaires.

189. Deux gros morceaux de blende brune ſolide & criſtalliſée ; un de blende rouge lamelleuſe, avec quartz & ſpath calcaire ; deux morceaux, de *Kupfernickel* de Bohême.

BISMUTH.

190. Un joli morceau de biſmuth vierge, criſtalliſé en lames poſées en retraite les unes ſur les autres, dans du quartz : de Joachimſtahl en Bohême.

191. Mine de biſmuth ſolide, mêlée de biſmuth vierge : ce dernier a été en partie dégagé de ſa gangue par le moyen du feu. Il eſt ſous la forme de globules qui, en

ſuintant à travers les pores de la mine, ſe ſont fixés à ſa ſurface.

192. Mine de biſmuth arſénicale, mêlée de biſmuth vierge & de cobalt, dans du quartz : de *Johann Georgenſtadt.*

193. Trois jolis échantillons de mine de biſmuth, dont une dans du jaſpe en partie poli, de Schnéeberg en Saxe.

194. Quatre autres, dont un de Johann-Georgenſtadt.

COBALT.

165. Une belle mine de cobalt ſolide & criſtalliſée, avec ſon enduit ſuperficiel de Saxe.

196. Mine de cobalt blanche, criſtalliſée en cubes dont les angles ſolides ſont tronqués : dans la pierre calcaire, de S. Jean à Ste. Marie aux mines.

197. Un riche morceau de *Kupfernickel* ou mine de cobalt d'un gris rougeâtre, ſolide & ſans gangue, parſemée d'un peu de ſpath, avec efflore ſcence cobaltique ſuperficielle : de Bohême.

198. *Idem.*

199. Un morceau peu commun de mine de cobalt blanche à ſuperficie ſpéculaire, ſur une gangue quartzeuſe & ſphatique de Schnéeberg.

260. Un très-riche morceau de Kupfernickel, ſolide,

solide, mêlé de mine de cobalt grise de Bohême; & une mine de cobalt grise avec ses fleurs: de Schnéeberg.

201. Un joli morceau de mine de cobalt blanche, cristallisée en cubes dont les angles solides sont tronqués, dans le spath calcaire: de Ste. Marie; & mine de Cobalt, mêlée de Bismuth: de Joachimsthahl en Bohême.

202. Un morceau très curieux par la disposition des substances qu'il renferme: le kupfernickel mêlé à la mine de cobalt grise, forme une veine entre deux couches, l'une de *Fahlerts* pur; l'autre de mine de cobalt grise solide: de *Saalfeld* en Thuringe: plus une mine de cobalt grise solide, du *Rappolt* à Schnéeberg.

203. Fleurs de cobalt granuleuses rouges, sur cobalt hépatique, de *Laurenz gluck* à Saalfed; mine de cobalt grise solide, de *Schwartzbourg* en Thuringe; & cobalt mêlé de galène avec ses fleurs: de Saxe.

204. Quatre morceaux, dont deux mines de cobalt grises solides; une mine de cobalt terreuse tenant argent: d'*Allemont* en Dauphiné; & un morceau de kupfernickel de Bohême

205. Quatre autres morceaux, dont une mine de cobalt grise solide, mêlée de bismuth dans le jaspe: de Schnéeberg; autre avec mine

d'argent vitreuſe : de Johann-Georgenſtadt, & un kupfernickel de Bohême.

206. Mine de cobalt blanche pyriteuſe, en gros criſtaux dodécaèdres : de *Tunaberg* en Suede ; & quatre autres morceaux de mine de cobalt griſe & de kupfernickel, dont un avec mine de fer ſpathique : de *Biber en Heſſe.*

207. Un rare morceau de mine de cobalt noire, de *Saalfeld* ; mine de cobalt griſe criſtalliſée de *Joachimſtahl* ; fleurs de cobalt ſtriées ſuperficielles, de Saalfeld ; & deux autres morceaux.

208. Douze bocaux contenant les différentes qualités de ſmalt & de bleu de cobalt ; quatre échantillons de régule & de verre de cobalt ; & neuf morceaux de kupfernickel de Bohême.

Arsenic.

209. Un grand & très-beau grouppe de pyrites blanches arſénicales, criſtalliſées en cubes obliquangles, légèrement ſtriés, & mêlés de criſtaux de roche ; les uns & les autres ſont incruſtés de très-petits criſtaux de ſpath calcaire pyramidal, la plupart à deux pointes ; une veine de blende brune luiſante traverſe ce morceau qui eſt de Bohême.

210. Un curieux morceau de mine d'arſenic blanche, ſolide & criſtalliſée, mêlée de criſtaux d'étain noirs & incruſtée d'une terre

bolaire blanche très-fine ; d'Ehrenfriderſdorf.

211. Régule d'arſenic natif, ou arſenic noir teſtacé avec mine d'argent rouge, dans le ſpath calcaire : de S. Jean, à Ste. Marie aux mines : & un autre morceau à ſuperficie tricottée, de la même miniere.

212. Deux jolis morceaux : l'un de pyrite blanche criſtalliſée : de *Kuſchacht* à Freyberg ; l'autre de mine d'arſenic blanche lamelleuſe, très-éclatante, mêlée de biſmuth : d'Allemont en Dauphiné.

213. Un rare & curieux morceau d'arſenic vierge en farine ou en chaux blanche, ſur un ſinter mamelonné : de Ste. Marie aux mines.

214. Pyrite blanche arſenicale à petits grains, dans du ſpath blanc mêlé de quartz gris : de Saxe : arſenic noir teſtacé ou régule d'arſenic natif ſolide & ſans gangue ; & un morceau de régule d'arſenic artificiel, qui ſe vend dans le commerce ſous le nom de cobalt.

215. Deux pyrites blanches arſénicales, de Saxe ; arſenic noir teſtacé de Joachimſtahl ; & un morceau de ſoufre arſénical natif, d'un rouge clair tranſparent : de Hongrie.

216. Huit morceaux d'arſenic blanc criſtallin, de réalgar & d'orpiment, tant naturels que factices.

217. Un beau grouppe de marcaſſites cuivreuſes jaunes & colorées, ſur un ſpath ſéléniteux en mamelons, mêlé de ſpath calcaire: d'Angleterre.

218. Grouppe de marcaſſites en gros criſtaux dodécaèdres à plans pentagones, dont huit des angles ſolides ſont tronqués, avec un peu de mine de fer micacée griſe dans l'intérieur du morceau: de l'Isle d'Elbe; plus un grouppe de marcaſſites en cubes lamelleux, du *Tillot*.

219. Deux autres grouppes; l'un de marcaſſites rhomboïdales, l'autre de marcaſſites dodécaèdres à plans pentagones tronqués, paſſant à l'icoſaëdre.

220. Une groſſe maſſe de marcaſſites dodécaèdres à plans pentagones, de l'Isle d'Elbe.

221. Douze petits cartons contenant pluſieurs variétés de marcaſſites ſolitaires en cubes, en octaèdres, rhomboïdales, &c. de différentes groſſeurs; *plus ſept dez de Bade* en Suiſſe.

222. Seize morceaux de différentes pyrites martiales & cuivreuſes, dont pluſieurs en globules.

223. Dix autres morceaux de pyrite, dont une échinite pyriteuſe, & une pyrite à ſuperficie ſpéculaire, mêlée de galène: de Freyberg.

SOUFRE, BITUMES, SELS.

224. Un morceau d'ambre gris, dans une petite boëte d'étain, & un morceau de charbon de terre chatoyant : *de la Motte* à deux lieues de Grenoble.

225. Un beau morceau de ſuccin tranſparent taillé & monté en forme de loupe.

226. Un curieux morceau de ſuccin tranſparent, renfermant un corps étranger qui le rend opaque vers le centre ; & un morceau de réſine copale, qui contient divers inſectes.

227. Cinq petits morceaux de ſuccin, renfermant des inſectes.

228. Huit autres, la plupart avec des inſectes.

229. Six autres, *idem.*

230. Douze morceaux ou échantillons de ſuccin opaque & marbré.

231. Vingt-deux variétés de différens charbons de terre, aſphalte, poix minérale, bitume de Judée, jayet, bois bituminiſés pyriteux, &c.

232. Douze autres variétés de ſubſtances bitumineuſes, telles que charbons de terre, aſphalte, bois & ſchiſtes bitumineux, &c.

233. Douze autres.

234. Une ſuite de différens *ſels natifs*, ſoufre vif ou *minéral*, &c. au nombre de vingt-deux eſpeces ou variétés.

235. Un grouppe de criſtaux octaèdres de ſoufre citrin natif, dans une pierre calcaire griſe criſtalliſée des environs de Cadix.

236. Un gros morceau de natron : ou ſoude blanche d'Egypte, tirée d'un lac près d'Alexandrie ; & deux beaux grouppes de criſtaux d'alun.

CRISTALLISATIONS.

PIERRES ET SPATHS CALCAIRES.

237. DEUX beaux grouppes de ſpath calcaire, en priſmes hexagones tronqués net aux deux bouts : du Hartz ; l'un préſente une variété peu commune en ce que les bords du ſommet ſont alternativement tronqués en biſeau ; les criſtaux de l'autre ſont poſés en retraite, comme les marches d'un eſcalier.

238. Deux grouppes ; l'un de ſpath calcaire dodécaèdre à plans pentagones, l'autre de ſpath pyramidal, incruſté de ſpath perlé, & entremêlé de criſtaux de quartz, le tout eſt parſemé de très-jolis criſtaux de ſpath calcaire priſmatique hexaèdre terminé par des pyramides trièdres à plans pentagones ; de Ste. Marie aux mines.

239. Un grouppe de ſpath calcaire priſmatique dodécaèdre à plans pentagones, épars,

avec pyrites cuivreuſes ſur une maſſe chargée d'empreintes en creux de ſpath ſéléniteux rhomboïdal : de Hongrie ; & un ſpath calcaire en crêtes de coq, ayant pour baſe deux veines de galène tenant argent, alternes avec deux autres couches du même ſpath : du Hartz.

240. Géode calcaire, tapiſſée d'aſſez gros criſtaux de ſpath calcaire dodécaèdre à plans pentagones ; & deux autres grouppes, l'un de ſpath lamelleux, l'autre de ſpath pyramidal.

241. Un beau grouppe de ſpath calcaire priſmatique hexaèdre à pyramides triangulaires obtuſes, dont la baſe eſt un ſpath ſéléniteux en tables, incruſtées de mine de fer ſpathique blanche : du Hartz ; & deux autres morceaux de ſpath dont un incruſté de petits criſtaux de quartz.

242. Cinq grouppes de ſpath calcaire lenticulaire, priſmatique & pyramidal.

243. Huit grouppes ou morceaux variés de ſpath calcaire ; dont un en boule lamelleuſe, du Hartz.

244. Seize grouppes ou morceaux variés de ſpath calcaire, dont un très-joli de ſpath en priſmes hexagonès tronqués net aux deux bouts : du Hartz.

245. Dix morceaux de différentes pierres cal-

caires, dont un de *pierre puante*, trois échantillons de pierres tirées de la grande pyramide d'Egypte, dont un composé de Numismales, &c.

246. Quatre morceaux de spath en stalactites, dont un *flos ferri*, un sinter mamelonné coloré par le cuivre, un en forme de champignon, &c. Plus, un dépôt d'albâtre calcaire des bains de Carslbaden, susceptible d'un poli vif.

247. Dix morceaux de stalactites, stalagmites & dépôts calcaires, dont un en forme de choux fleurs.

248. Huit autres, dont un morceau d'albâtre de Carlsbaden, différens sinters & *flos ferri*, & un morceau d'ostéocolle de Silésie.

249. Un joli morceau de *flos ferri*, du Canigou dans les Pyrénées.

250. Un très-beau *Ludus helmontii*, de dix pouces de diamètre.

251. Vingt belles plaques, de quatre pouces sur trois pouces un quart, d'albâtres & marbres d'Espagne : chaque plaque porte le nom du lieu d'où elle a été tirée.

252. Vingt-quatre autres, non moins variées & de même grandeur.

253. Vingt-quatre autres, *idem*.

254. Vingt-quatre *idem*, la plupart d'Espagne.

255. Une belle suite de différens marbres, en

soixante-dix plaques, toutes de mêmes grandeur, de trois pouces un quart, sur deux un quart.

256. Trente-six plaques d'albâtre oriental, de trois pouces un quart, sur deux un quart, & huit autres plaques de marbres & d'albâtres, de différentes grandeurs.

257. Cinquante petites plaques de marbres, d'un pouce en carré, & huit autres plaques de marbres d'Allemagne, dont deux de Blankembourg, contenant des madrépores, & un de Baviere, rempli de cornes d'Ammon.

258. Une grande plaque carrée de marbre ammonifere de Baviere, & cinq pierres Scissiles ou arborisées, dont une de Florence.

259. Deux jolies pierres de ruines, de Florence, forme ronde, dans des bordures de bois doré: quatre pouces de diametre.

260. Deux autres de forme carrée; aussi dans des bordures de bois doré, quatre pouces & demi sur trois pouces.

261. Deux autres *idem*: quatre pouces sur deux pouces & demi.

262. Quatre autres pierres de Florence avec bordures de bois doré: deux représentent des ruines & deux des arbrisseaux.

SPATHS FUSIBLES OU VITREUX.

263. Deux grouppes de ſpath vitreux, l'un en grands cubes qui montrent l'aggrégation des cubes plus petits qui les compoſent: l'autre de fauſſes améthiſtes cubiques, entremêlées d'autres cubes d'un blanc mat, avec mine de cobalt griſe & ſes fleurs: de Schwartzemberg: morceau diſtingué.

264. Un beau grouppe de fauſſes aigues-marines, en grands cubes ſoupoudrés de pyrites, avec blende noire: d'Angleterre; & quatre autres morceaux de ſpath vitreux.

265. Sept petits grouppes ou échantillons de ſpath vitreux violet, verd, &c. dont un d'une belle eau, taillé en cabochon.

266. Un beau morceau d'albâtre vitreux blanc, rubanné de violet & poli d'un côté: d'Angleterre.

SPATHS SÉLÉNITEUX.

267. Un beau grouppe de ſpath ſéléniteux en tables diaphanes, dont les bords ſont en biſeau: il enveloppe de toutes parts un ſpath ſéléniteux d'un blanc mat: du Hartz.

268. Autre beau grouppe de ſpath ſéléniteux en tables carrées, dont les bords ſont en biſeau, formées par l'octaèdre cunéïforme dont les deux pyramides ſont tronquées près

de leur base : des mines de mercure du Palatinat.

269. Un beau grouppe de ſpath calcaire rhomboïdal, dont les criſtaux ſont incruſtés de ſpath perlé blanc en petites écailles, poſées en recouvrement les unes ſur les autres, avec une veine de mine d'argent griſe : de Ste. Marie aux mines.

270. Deux grouppes, l'un de ſpath ſéléniteux, en tables poſées de champ, parſemé de pyrites, de mine de fer ſphatique & de criſtaux de quartz, avec galène à petites facettes : du Hartz ; & un de ſpath calcaire, incruſté de ſpath perlé, avec mine jaune de cuivre : de Ste. Marie aux mines.

271. Deux morceaux de ſpath ſéléniteux en tables poſées de champ, l'un avec de petits cubes de ſpath vitreux, l'autre parſemé de pyrites : du Hartz. Plus un criſtal de ſpath ſéléniteux de Royat en Auvergne, & un grouppe de ſpath perlé, preſqu'entiérement paſſé à l'état de mine de fer ſpathique, parſemée de pyrites : du Hartz.

272. Deux grouppes, l'un de ſpath ſéléniteux, en tables diaphanes à bords en biſeau, dont les quatre angles ſolides ſont tronqués, & un de ſpath ſéléniteux en crêtes de coq, d'un blanc mat.

273. Deux grouppes de ſpath ſéléniteux, en

tables à bords en biſeau, dont un coloré par le cinabre : des mines du Palatinat.

274. Deux grouppes l'un de ſpath ſéléniteux en tables, incruſtées de petits criſtaux de quartz ; l'autre de ſpath calcaire incruſté de ſpath perlé, avec mine jaune de cuivre criſtalliſée : plus un dépôt de ſpath ſéléniteux à zones alternatives jaunes, griſes ou rouges, & poli d'un côté ; d'Angleterre.

275. Quatre jolis grouppes de ſpath ſéléniteux dont un à tables bordées, peu commun.

276. Quatre autres, dont une *Pierre de Bologne.*

277. Cinq grouppes ou morceaux de ſpath ſéléniteux, dont un par dépôt à la maniere des albâtres : d'Angleterre.

SÉLÉNITES ET GYPSES.

278. Sélénite décaèdre rhomboïdale : ſélénite baſaltine & priſmatique : plus dix grouppes ou morceaux de gypſes & pierrés à plâtre, dont un avec un os foſſile : des carrieres de Montmartre, de Lunebourg & autres lieux.

279. Un grouppe de ſélénite en crêtes de coq, une ſélénite cunéïforme, & trois autres grouppes ou morceaux de gypſe.

280. Un morceau de gypſe ſtrié blanc, de *Valdensheim*, en Alſace : un morceau d'albâtre gypſeux, poli d'un côté, de la même carriere : & cinq plaques quarrées d'albâtre gypſeux coloré : du cercle de Sula.

ZÉOLITES ET GÆSTEN.

281. Un beau morceau de zéolite blanche cristallisée & protubérancée : des Isles de *Ferroé*, ainsi que les suivans.

282. Autre beau morceau de zéolite blanche cristallisée en faisceaux divergens, qui s'élevent sur une zéolite en cristaux plus confus.

283. Autre zéolite en aiguilles divergentes, qui partent de différens centres.

284. Autre, dont les fibres sont rassemblées en boules lamelleuses.

285. Deux morceaux de zéolite en faisceaux divergens, dont un poli d'un côté.

286. Deux autres.

287. Zéolite blanche en table, & un autre morceau poli d'un côté.

288. Zéolite blanche lamelleuse qui paroît avoir été roulée : & une zéolite en crêtes de coq.

289. Deux zéolites, l'une lamelleuse, l'autre en aiguilles soyeuses divergentes, sur une argille colorée.

290. Trois jolis morceaux variés de zéolite blanche, fibreuse & cristallisée.

291. Un morceau de zéolite blanche, poli d'un côté, & un morceau de *gæsten*, ou pierre écumante, avec la vitrification cellu-

laire & ſpongieuſe qu'elle produit au feu.

292. Deux morceaux de zéolite blanche, l'un deſquels a été poli : plus un morceau de zéolite rouge & un de zéolite noire.

293. Deux plaques de *Lapis lazuli*, ou zéolite bleue, dont une tachetée de blanc.

PIERRES QUARTZEUSES.

294. Un grand & très-beau groupe de criſtaux de roche, en priſme, tranſparens d'un demi-pouce de diametre & au-deſſous: des Alpes de Dauphiné; onze pouces de longueur ſur neuf de largeur.

295. Deux autres forts grouppes, l'un de criſtaux de roche bruns & diaphanes, l'autre de criſtaux de quartz parſemés de marcaſſites.

296. Uu grouppe de criſtaux de roche à longues aiguilles tronquées très-irrégulieres : de ſix pouces de longueur.

297. Un beau grouppe de criſtaux de roche, diaphanes, de plus d'un pouce de diametre, & dont les priſmes ſe confondent les uns avec les autres.

298. Deux grouppes l'un de criſtaux de roche, très-confus, l'autre de criſtaux de quartz.

299. Un beau canon de criſtal de roche, de ſix pouces de longueur, renflé dans ſon milieu,

& à cannelures tranſverſales très marquées : il renferme intérieurement des matieres hétérogènes qui imitent des mouſſes.

300. Un très - beau criſtal de roche à deux pointes & d'une belle eau, dont le priſme intermédiaire a quatre pouces de longueur, &le criſtal entier un peu plus de cinq pouces: à ce priſme adhéroit un autre criſtal à deux pointes qu'on en a détaché & qui s'emboîte parfaitement dans la cavité du criſtal qui lui eſt joint.

301. Portion d'un gros criſtal de Madagaſcar, poli ſur pluſieurs de ſes faces, & curieux par les divers accidens qu'il renferme, tels que des aiguilles de Schorl, des iris & des cavités ou fentes carré long, dont une a près de deux pouces de longueur ſur trois lignes de largeur & une d'épaiſſeur : morceau intéreſſant.

302. Une ſuite variée d'aiguilles de criſtal de roche, les unes ſolitaires, les autres détachées de leur gangue, au nombre de vingt-quatre piéces.

303. Vingt - trois autres variétés de criſtaux de roche en priſmes, ou ſolitaires à deux pointes, & quelques-uns grouppés, les uns ſont tranſparens, les autres plus ou moins opaques ou colorés, de différens Païs.

304. Six criſtaux de roche, polis ſur toutes leurs

faces : & quatre autres taillés en cube ou en pierre épaisse sertie dans du plomb.

305. Un morceau de cristal de Madagascar, d'une fort belle eau : & un canon de cristal brun tirant sur le noir.

306. Deux morceaux, l'un de cristal de Madagascar peu diaphane & de deux teintes différentes : l'autre de cristal enfumé, poli d'un côté : plus un grouppe de cristaux de roche, adhérens entr'eux par leurs prismes.

307. Deux grouppes de cristaux de roche, dans l'un desquels la plupart des cristaux sont à deux pointes : & un grouppe de gros cristaux de quartz blancs, curieux en ce qu'on distingue les faces correspondantes d'autres pyramides internes, qui depuis ont été recouvertes par la matiere quartzeuse; ce grouppe est parsemé de petits cristaux de spath calcaire dodécaèdre à plans pentagones.

308. Amas de cristaux à deux pointes d'un blanc sale, de Saxe : morceau mélangé de quartz, de galène, d'une veine de mine d'argent grise, de pyrite, & d'un grouppe de spath calcaire dodécaèdre à plans pentagones, teint en brun par une vapeur métallique : du Bourg de Sainte Marie : & portion d'un très-grand prisme de cristal rembruni.

309. Six grouppes ou morceaux : savoir, portion

tion d'une grande corne d'ammon dont les cellules sont tapissées de cristaux de quartz : moitié de géode quartzeuse dont l'intérieur est tapissé de cristaux d'améthiste : autre polie sur sa tranche: deux grouppes de cristaux de quartz, dont un sous la forme d'une croute quartzeuse comprimée & fendillée, de *Daniel* à Schneeberg ; & un morceau de quartz portant des empreintes assez profondes de pyramides triangulaires tronquées.

310. Six grouppes de cristaux de roche ou quartzeux : dont un fragment de géode calcaire avec cristaux à deux pointes : du Dauphiné ; plus une géode quartzeuse cristallisée qui contient de plus des rhombes de spath calcaire. Elle est polie d'un côté.

311. Huit grouppes ou morceaux de quartz, dont un remarquable par ses grosses pyramides formées par l'aggrégation d'une multitude de petites pyramides très-sensibles : un morceau de quartz, avec des empreintes profondes de cristaux cubiques qui se sont décomposés ; de S. Bretlon : un morceau singulier de quartz fibreux verd : un cristal roulé du Drac, près de Grenoble ; quartz gras, de la Croix aux mines, près S. Diez, en Lorraine, &c.

312. Quartz en stalagmite ou en boule caverneuse des environs de Soissons : grouppe de

cristaux de quartz traversés par une veine d'améthiste : de la chapelle *de S. Ussan*, à la rive droite de l'Allier : & trois autres morceaux de quartz cristallisé, dont deux couleur d'hyacinthe.

313 Cristaux de roche en prismes minces très-réguliers sur une colubrine feuilletée, de l'Isle de Corse : boule marneuse, dont les cavités sont tapissées de cristaux à deux pointes, connus sous le nom de *faux diamants*, du Dauphiné : & une géode quartzeuse cristallisée, d'Oberstein.

314. Un rare & très beau morceau de Calcédoine en stalactites protubérancées, des Isles de Ferroé.

315. Autre morceau, non moins curieux, de la même Calcédoine, en forme de géode bouillonnée : elle est polie sur sa tranche.

316. Un autre en table protubérancée, polie sur ses bords.

317. Une grande & belle tranche d'agathe rubannée d'Oberstein, polie d'un côté, le centre est fond cristallin.

318. Autre tranche d'agathe rubannée vers ses bords, & cristalline vers le centre, polie d'un côté.

319. *idem.* On en peut tirer plusieurs plaques.

320. Deux morceaux d'agathe, polis d'un côté: l'un d'un rouge brun avec des taches plus

foncées sur fond blanc cristallin; l'autre veiné d'améthiste.

321. Une belle plaque d'agathe rubannée d'Allemagne : & deux autres morceaux polis d'un côté.

322. Quatre morceaux d'agathe rubannée, de Saxe, polis d'un côté.

323. Deux autres morceaux, dont un brut, & une belle tranche de caillou d'Egypte.

324. Sept morceaux, en partie polis, d'agathe de Saxe & d'Oberstein.

325. Six plaques ou morceaux polis, d'un côté, de différens cailloux panachés & autres, dont un caillou d'Egypte.

326. Cinq autres, dont un mêlé d'améthiste, deux marbrés de rouge & de blanc du Duché de Deux-Ponts, & deux cailloux d'Egypte.

327. Un morceau d'agathe de roche : du territoire de Basle, poli d'un côté : & quinze autres morceaux, en partie polis, de différens cailloux, jaspes, &c.

328. Dix morceaux, polis d'un côté, de différens cailloux, dont une prime d'améthiste.

329. Douze échantillons d'agathe bruts ou en partie polis : dont un d'agathe blanche, deux d'opale de Saxe, un de cornaline de Saxe, un de pierre néphrétique, &c.

330. Une suite de cailloux roulés ou figurés

par les eaux : formant plus de vingt-ſix variétés.

331. Huit morceaux d'agathe, cornaline, ou cailloux, dont un taillé pour un cachet.

332. Vingt-quatre échantillons d'agathe, cornaline blanche, onyx, &c. dont trois yeux de chat.

333. Vingt autres.

334. Vingt-quatre autres, la plupart de cornaline.

335. Huit agathes arboriſées d'Allemagne.

336. Huit autres.

337. Quatorze autres.

338. Deux opales, dont une très-jolie.

339. Agathe figurée à veines brunes & noirâtres, montée en bague.

340. Tête de Négreſſe gravée ſur caillou onyx ſingulier, montée en bague.

341. Tête d'Ange en relief, & ſept petites gravures en creux, dont une ſur *Onyx Nicolo.*

342. Dix autres petites pierres gravées ſur cornaline, &c.

343. Un Cœur d'agathe ſur lequel eſt peint un chriſt & le Jugement dernier, & ſix autres morceaux, dont deux groteſques en camées.

344. Vingt-huit échantillons de différens jaſpes, lapis, turquoiſes, malachite, &c.

345. Deux belles plaques de cailloux d'E-

gypte ; deux autres plus petites, & quatre autres plaques d'agathes & cailloux.

346. Seize plaques ou morceaux, polis en partie, de différens jaspes, dont une pierre néphrétique du territoire de Blankembourg.

347. Sept morceaux, polis d'un côté, de jaspes & cailloux panachés, la plupart d'Allemagne.

348. Neuf grandes plaques ou morceaux polis de différens jaspes, la plupart de l'Isle de Corse.

349. Dix autres.

350. Douze autres.

351. *Idem.*

352. Vingt-quatre autres.

353. Huit petits grouppes ou cristaux solitaires de grès rhomboidal de Fontainebleau : plus douze tablettes de différens grès, la plupart micacés, de Saxe ; & deux autres morceaux dont un affecte la forme rhomboidale.

354. Trois morceaux de grès, dont un en boule, & les deux autres cristallisés en grouppes : des environs de Fontainebleau.

Schorls et Cristaux Gemmes.

355. Un très-rare morceau de schorl blanc prismatique & strié, mêlé de mica dans du quartz : d'Altenberg. L'Académie de Freyberg, d'où vient ce morceau, le regarde

comme une grande rareté, & le nomme *ſchorl b anc* d'Altemberg.

356. Schorl blanc rhomboidal dans l'amiante, de Bareige ; ſchorl noir en priſmes hexagones terminés par des pyramides triedres obtuſes, dans le feld-ſpath mêlé de mica : de *Darmſtad* : & ſchorl verd en fibres divergentes, mêlé de ſpath calcaire : du Mont *Saint-Gothard.*

357. Schorl noir priſmatique & lamelleux dans le feld-ſpath mêlé de mica : de l'Autunois : Schorl noir priſmatique dans le criſtal de Madagaſcar ; ſchorl noir en faiſceaux divergens, mêlés de grenats dans le feld-ſpath, mêlé de pierre ollaire : du Mont Saint-Gothard ; Baſalte en caillou roulé des environs de Dax ; & ſchorl noir en aiguilles priſmatiques dans le quartz : des environs d'Eibenſtock en Saxe.

358. Deux morceaux de Baſalte, polis en partie, dont un noir, & l'autre ſingulier en ce qu'il eſt parſemé de globules à ſtries divergentes du centre à la circonférence, noirâtres ſur un fond gris : de *Guolo* en Corſe.

359. Douze morceaux ou échantillons de différens ſchorls, Wolfram, &c. dont trois macles, deux variolites, l'une brute, l'autre polie, &c.

360. Dix-huit autres échantillons de ſchorls

Wolfram, & Grenats bruts, la plupart dodécaèdres ; les uns ſolitaires, les autres dans leur gangue talqueuſe ou micacée. Plus une pierre de Croix, une belle variolite polie, une pierre de touche, & du ſable ferrugineux mêlé d'hyacintes, du Ruiſſeau d'Eſpailly, près du Puy-en-Vélay.

361. Un Diamant brut à 24 facettes, peſant un karat fort : c'eſt l'octaèdre, dont chacune des faces ſe diviſe en trois plans triangulaires. Cette figure rentre dans celle du dodécaèdre à plans rhombes, dont chaque plan ſe diviſe en deux plans triangulaires.

362. Deux diamants bruts, l'un dodécaèdre, l'autre triangulaire, peſant enſemble ſix grains.

363. Deux autres *idem*, peſant quatre grains.

364. Un diamant brut à 24 facettes, & un autre triangulaire, peſant enſemble quatre grains.

365. Quatre autres, dont deux triangulaires & deux octaèdres curvilignes, ou à 48 facettes, peſant enſemble trois grains.

366. Cinq autres, *idem*, peſant deux grains.

367. Cinq autres, *idem*, peſant deux grains.

368. Cinq petits diamans bruts en octaèdres arrondis, peſants enſemble deux grains & demi.

369. Six diamans, dont quatre bruts, un taillé

en pierre épaisse & une pierre foible ; le tout pesant près de quatre grains.

370. Six petits cartons composés, le premier de quatre saphirs d'Orient, le second de trois émeraudes, le troisieme de neuf rubis bruts d'Orient ; le quatrieme de trois péridots & d'une aigue marine : le cinquieme de trois hyacintes, dont une brute ; & le sixieme d'une bague de chrysoprase, & de quatre autres chrysoprases ou tourmalines de Ceylan.

371. Six autres petits cartons contenans autant de pâtés ; le premier de grenats bruts, tant à douze qu'à vingt-quatre facettes : de Bohême & de Hongrie. Le second & le troisieme d'améthistes, dont plusieurs taillées. Le quatrieme de cinq bruts de topaze & d'une topaze du brésil taillée. Le cinquieme de grenats cabochons taillés aux Indes ; & le sixieme de bruts de rubis spinelle.

372. Trente petits cartons, contenans la suite de la taille des pierres fines en cristal de roche, dans le nombre desquelles se trouve la forme & grandeur du diamant du Roi, nommé le *Régent*. Plus dix-sept autres cartons de pierres de composition de toutes les couleurs, imitant les pierres fines.

373. Sept variétés d'asbeste & d'amiante, dont deux de cuir ou liege de montagne, de Groenland & de Danemarck, un d'amiante dans le cristal de roche, &c.

374. Sept autres variétés d'amiante & de liege ou cuir de montagne, dont une très belle veine à fibres paralleles, dans la serpentine verte de Sibérie.

375. Papier préparé avec l'amiante, & six autres échantillons d'asbeste & d'amiante, dont un dans le spath calcaire rhomboïdal, des Pyrénées.

376. Un beau morceau de serpentine du Cap Corse : & trois plaques polies, deux desquelles sont demi transparentes : de la même Isle.

377. Onze plaques variées & d'égale grandeur, de serpentine de Zœblitz.

378. Un beau morceau de talcite blanc de Sibérie ; trois plaques de pierre ollaire ; deux morceaux de stéatite ou craie de briançon ; & dix autres échantillons variés de talcs & mica : de Moscovie, de Danemarck & autres pays.

379. Une suite de schistes & d'ardoises : les unes avec pyrites, ou empreintes pyriteuses ; les autres avec dendrites, efflorescences vitrioliques, &c. : au nombre de vingt morceaux.

Roches et Pierres composées.

380. Un morceau de granite de Bretagne, curieux en ce que les cristaux de quartz de feld-spath & de mica qui le composent, y sont en partie dégagés & très-bien caractérisés : plus, un granite roulé, pointillé de schorl, du Cap Corse, poli d'un côté : & un beau morceau de poudingue ou caillou d'Angleterre, aussi poli sur l'une de ses faces.

381. Dix-sept morceaux ou échantillons de granites, schistes granitoïdes, roches de cornes, &c. de différens païs. La plupart mêlés de schorl ou de mica.

382. Trois roches concretes, dont un très-beau poudingue poli d'un côté : plus deux plaques de porphyre, & une d'ophite ou serpentin.

383. Huit plaques polies dont quatre de granites, deux de porphyre, une de serpentin, & une de poudingue ou caillou d'Angleterre.

384. Cinquante petites plaques carrées de différens granites, roches micacées, &c.

385. Une suite des minéraux & pierres de la Suede, en cent trente morceaux, chacun avec son étiquette conforme au *systema naturæ* de *Linnæus*.

PRODUITS VOLCANIQUES.

386. Une ſuite d'éruptions du Véſuve, & quelques-unes de l'Etna & de l'Hécla, telles que laves poreuſes & compactes, émail de volcan, pouzzolanes, ſoufre, ſels &c. au nombre de trente-quatre morceaux & de quatorze phioles ou bocaux.

387. Autre ſuite des produits de volcan de l'Auvergne, au nombre de dix-huit morceaux. Plus, ſept bocaux de pouzzolanes, &c.

388. Suite des produits volcaniques du Vélai & du Vivarais, envoyés par M. Faujas de Saint Fond : dix morceaux & onze bocaux.

389. Un beau priſme pentagone de baſalte en colonnes d'Auvergne : de quatorze pouces de longueur ſur cinq d'épaiſſeur ; & deux autres morceaux de baſalte ou lave compacte de Royat.

TERRES, SABLES ET TOURBES.

390. Quatre-vingt huit petits cartons, quarante-quatre bocaux & ſix flacons : renfermant une ſuite de terres bolaires, argilleuſes, calcaires, marneuſes & métalliques ; différens ſables quartzeux & métalliques dont pluſieurs auriferes ; différentes tourbes & terres bitumineuſes : chacune avec ſon étiquette.

PÉTRIFICATIONS.

391. UNE ſuite de bélemnites & de leurs alvéoles, en vingt-neuf pieces ; plus une orthocératite.

392. Une belle corne d'ammon pyriteuſe à concamérations criſtalliſées en ſpath : des bords du fleuve Amur en Sibérie : ſciée en deux & polie.

393. Différentes cornes d'ammon ou vertebres de cornes d'ammon & de nautilites, dont deux en marbre polies d'un côté : au nombre de dix pieces ; plus une très-belle cochlite & deux noyaux de cochlites.

394. Vingt-quatre cornes d'ammon dont quelques-unes avec leurs empreintes dans la pierre argilleuſe : d'autres pyriteuſes, ſpathiques ou dans le ſchiſte : dont une petite ſciée en deux & polie ; plus, un grouppe de cornes d'ammon de Suiſſe.

395. Quatorze oſtracites, cardites & pectinites : dont pluſieurs *raſtellum* ou crêtes de coq.

396. Une ſuite de gryphites, cardites, pectinites, camites, muſculites, &c. au nombre de quarante piéces.

397. Vingt-ſix petits cartons garnis d'autant de variétés de poulettes liſſes ou ſtriées : dont

plusieurs peu communes ; plus deux hystérolites ferrugineuses des environs deCoblentz: & deux autres dans leur gangue.

398. Deux grouppes d'hystérolites, des environs de Coblentz : dont un totalement changé en mine de fer hépatique.

399. Une suite d'échinites, & de leurs différentes parties : telles que baguettes, écussons, osselets, *pierres judaïques*, &c. formant plus de trente variétés.

400. Un carton contenant plus de quatre vingt especes ou variétés de coquilles fossiles ou pétrifiées de tout genre, dont plusieurs en grouppes.

401. Douze grouppes de différentes coquilles fossiles ou pétrifiées : dont un de turbinites agatifiées : un de cochlites en spath : un de numismales, &c. Plus, une masse de joncs coralloïdes, de la Lorraine Allemande.

402. Six glossopetres, de différentes formes; douze buffonites ou crapaudines : dont plusieurs onycées, dites yeux de serpent ; deux odontopetres ; & un petit os fossile.

403. Une crapaudine & une térébratule, montées en bagues d'argent.

404. Diverses parties osseuses fossiles ou pétrifiées, telles que vertebres de cétacées des environs de Dives en Normandie ; dents de quadrupedes ; ivoire fossile, &c. au nom-

bre de douze morceaux, dont un a été poli.

405. Une ſuite de bezoards & de calculs, trouvés dans différentes parties du corps humain & de divers animaux : au nombre de plus de cinquante pieces : plus quatre perles d'orient & treize autres perles d'Amérique & de Baviere, une pierre de ſerpent des Indes, une pierre de manati ou vache marine, &c.

406. Trois ichtyolites ou empreintes de poiſſons : l'une minéraliſée en cuivre dans le ſchiſte argilleux, du Duché de Mansfeld, les deux autres dans des pierres ſciſſiles.

407. Six autres empreintes de poiſſons & de la grande eſpece de monocle dans l'ardoiſe, & quatre dans la pierre calcaire dont deux empreintes de chevrettes.

408. Quatre gammarolites, ou crabes pétrifiés dont trois de Coromandel ; & cinq autres morceaux foſſiles ou pétrifiés.

409. Un *lis de pierre* ; & dix-huit petits cartons garnis d'entroques & de trochites, radiées ou étoilées, d'aſtéropodes, &c. Plus deux grouppes d'entroques dont un minéraliſé en fer.

410. Vingt madréporites ou corallites, fongites, porpites, &c.

411. Vingt-quatre autres morceaux, tels qu'aſtroïtes, ficoïdes, fongites, lycoperdites, &c.

412. Douze morceaux, bruts ou polis en partie : de différens bois pétrifiés ou agatisés.

413. Huit plaques & douze morceaux de bois fossiles ou pétrifiés, polis pour la plupart.

414. Quatorze autres, la plupart polis d'un côté.

415. Huit morceaux bruts, ou en partie polis, de bois pétrifié plus deux belles empreintes de fougere dans du schiste, des empreintes de feuilles dans la pierre calcaire, & trois différentes incrustations, dont un morceau d'albâtre.

416. Morceau de bois pétrifié trouvé dans les sables des environs du Caire, sur le chemin qui conduit aux pyramides ; vingt-sept pouces de longueur sur cinq & demi d'épaisseur.

COQUILLES.

417. TRENTE lepas grands & petits & trois oscabrions.

418. Un nantile papyracé de la Méditerranée, de huit pouces de longueur & bien conservé.

419. Deux petits nantiles papyracés, à carène étroite.

420. Le nantile épais des grandes Indes, non

dépouillé, & un autre coupé en gondole.

421. Le grand burgau, dit le *potvert*, dépouillé jusqu'à la nacre.

422. Une jolie maçonne, l'éperon, deux bouches d'argent, & la veuve en partie dépouillée.

423. Deux rabotteuses, deux veuves & trois oreilles de mer.

424. Divers limaçons, sabots & nérites, tels que sabots granuleux, toit Chinois, fausse rabotteuse, peau de serpent, deux oreilles de Vénus & quelques buccins; en tout vingt-quatre coquilles.

425. Un lot de limaçons de mer & terrestres, au nombre de quatre-vingt.

426. Neuf coquilles, dont l'unique buccin, une petite gondole & deux tasses de Neptune.

427. Deux nérites épineuses & quinze autres coquilles.

428. Une tour de babel blanche & dix-huit autres coquilles du genre des vis & des buccins.

429. Dix huit coquilles du genre des pourpres & des ailées, dont la massue d'Hercule, une tonne blanche des Indes, &c.

430. Dix autres ailées & une massue d'Hercule.

431. Le scorpion & deux araignées.

432. Cinq ailées, dont quatre araignées de différens âges & l'aile d'ange.

Un

433. Un casque triangulaire, un foudre, cinq tonnes & trois poupres : en tout 10 coquilles.

434. Le navet & douze autres cornets.

435. L'œuf épais ; l'argus & deux faux argus.

436. Une belle olive & six autres coquilles, dont l'œuf d'un petit volume.

437. Le drap d'or, la piqûure de mouches, & 25 petites coquilles, la plupart du genre des porcelaines.

438. Huit porcelaines, deux olives & le brocard de soie.

439. Une grande tonne & neuf porcelaines.

440. Une valve de mere perle, deux Jambonneaux, deux grouppes de glands de mer, & des cœurs de la Méditerranée, dont quelques-uns chargés de vermiculaires.

441. Trois huitres épineuses de S. Domingue, deux de Malthe, & deux cœurs épineux de la Méditerranée.

442. Quatre huîtres épineuses d'Amérique, deux desquelles sont grouppées, & deux autres coquilles de la Méditerranée.

443. Le marron épineux, la tuilée, & vingt-deux autres bivalves, telles que cames, cœurs, tellines & pétoncles.

444. Une tuilée, le *Concha Veneris*, la lime, la moule arborisée, & huit autres bivales.

445. Plusieurs pelures d'oignon, & manches

de couteau, deux pholades, huit moules d'Afrique, & autres.

446. Une pholade, trois manches de couteau, huit pétoncles, & huit moules dont deux fluviatiles dépouillées jusqu'à la nacre.

447. Trois grosses coquilles qui sont la chicorée, le lambis & la conque de Triton.

448. Six autres grosses coquilles, montées sur des pieds pour couronnement d'armoires.

OURSINS, CRUSTACÉES, INSECTES, &c.

449. Un bel oursin à baguettes, dans une cage de verre.

450. Six autres oursins garnis de leurs piquans, dans deux cages de verre.

451. Un crabe des Moluques, parfaitement conservé, sous cage de verre.

452. Un très-gros crabe à mordans noirs, portant avec ses pattes plus d'un pied de largeur, aussi sous cage de verre.

453. Une très-grande araignée de mer, dont le corps est chargé de glands de mer. Elle porte, avec ses pattes, dix-huit pouces de largeur, sous cage de verre.

454. Cinq crabes bien conservés, sous autant de cages de verre.

455. Le taureau volant & une grosse araignée d'Amérique, occupant avec ses pattes, un

espace de près de six pouces carrés, l'un autre sous cages de verre.

456. Deux taureaux volans, deux monocéros différens, l'Arlequin de Cayenne, dix buprestes dorés, un serpent, une grenouille, quelques papillons & autres insectes, sous une grande cage de verre.

MÉLANGES.

457. UN bel arbrisseau de corail rouge, avec son écorce, portant dix pouces de largeur, sur sept & demi de hauteur, monté sur un pied de bois noir & sous cage de verre.

458. Un autre à peu près de même grandeur, aussi sous cage de verre.

459. Quatre jolies cages, dans le goût Chinois, en forme de pagodes carrées à double entablement orné de sonnettes. Dans l'intérieur de chacune de ces cages est un rocher caverneux chargé d'arbustes feints, & de divers oiseaux naturels, tels que Perruches, Colibris, cotingas, Bengalis, & autres oiseaux des deux Indes, artistement grouppés. Elles portent dix pouces en carré, sur deux pieds de haut.

460. Deux autres petits rochers ornés de trois

colibris, dans deux cages de verre en forme de lanternes chinoiſes ſuſpendues à deux ſupports de fer.

460*. Une Lanterne chinoiſe à cinq panneaux ornés de fleurs.

461. Une petite momie de 18 pouces, tirée d'un puits, près de la grande pyramide, & apportée d'Egypte en 1700, par M. de Maillet, Conſul au Caire. Elle eſt dans une boëte de bois de Sycomore.

462. Deux enfants, l'un mâle, l'autre femelle, dans l'eſprit de vin.

463. Vingt-deux phioles ou bocaux, contenant dans l'eſprit de vin, des fœtus humains de différentes grandeurs; des fleurs & des plantes telles que le café, le tabac, la fleur de la paſſion, &c.

464. Une corne de Rhinocéros, de 23 pouces de long, ſur cinq pouces de diametre à ſa baſe.

465. Une défenſe de poiſſon ſcie, de 33 pouces de longueur, ſur onze pouces de largeur à ſa baſe; & trois autres pieces, dont deux défenſes de vache marine.

466. Deux cocos dans leur enveloppe; deux morceaux de bois, dont un de palmier & quatre autres pieces.

467. Deux boëtes remplies de minéraux d'Allemont en Dauphiné, dont le plus

grand nombre eſt mine de cobalt terreuſe tenant argent.

468. Deux autres boëtes remplies de minéraux de différentes eſpeces.

469. Une boëte remplie de pyrites & mines de fer.

470. Autre de différentes pierres.

471. Une boëte remplie d'amiante de Corſe.

472. Diverſes éruptions de Volcans, du Véſuve & de l'Auvergne.

473. Trois boëtes de fontes, régules & préparations métalliques.

474. Quatre-vingt petites caſes vitrées pour mettre des inſectes, la plupart de deux pouces & demi en carré, ſur un demi-pouce de hauteur.

475. Dix tableaux de fucus & plantes marines, ſous verre, dans des bordures de bois noir, 14 pouces, ſur 10.

476. Sept boëtes des modeles de criſtaux taillés en argille, formant la ſuite complette des planches de l'Eſſai de Criſtallographie de M. de Romé de l'Iſle.

477. Le tableau criſtallographique, du même ouvrage, colé ſur toile avec les planches, & monté avec gorge & rouleau de bois noir.

478. Divers uſtenſiles de Sauvages & peuples Indiens ou Aſiatiques, tels que caſſe-tête, un arc, un carquois rempli de flèches, hâche d'ar-

mes, poignard, sagaye, différentes chaussures, bourse, ceintures, colliers, pipe, &c. dont on fera un ou plusieurs articles.

479. deux pieces d'or, dont une pagode de Coromandel & différentes monnoies d'argent ou de billon.

480, Médaille d'or d'Henri IV & Marie de Médicis au revers.

481. Sept médailles d'argent.

482. Un reliquaire en filigrane d'argent, & cinq portraits, dont trois en miniature.

483. Un pâté de médailles de bronze antiques & modernes; les douze Césars en plomb; des fragmens de mosaïque antiques, & quelques bronzes.

484. Une balance d'essai dans sa boëte vitrée, divers instrumens de mathématiques, tels que microscope, machine électrique & pneumatique, &c. qui seront répartis dans les différentes vacations.

Fin du Catalogue.

Lu & approuvé, ce 4 Décembre 1780,
COCHIN.

Vû l'Approbation, permis d'imprimer, ce 5 Décembre 1780. LENOIR.

www.ingramcontent.com/pod-product-compliance
Ingram Content Group UK Ltd.
Pitfield, Milton Keynes, MK11 3LW, UK
UKHW020351180726
13839UKWH00003B/1025